# COLLECTION

## Curieuse des Champignons

### Faisant suite au Jardin du Roi

ET

à toutes les Collections qui la précedent

## Par J. P. Buchoz

Auteur de differens Ouvrages d'Histoire Naturelle

et d'Œconomie Champêtre.

### A Paris

Chez l'Auteur, Rue des Grands Augustins, vis-à-vis la rue Christine.

1792

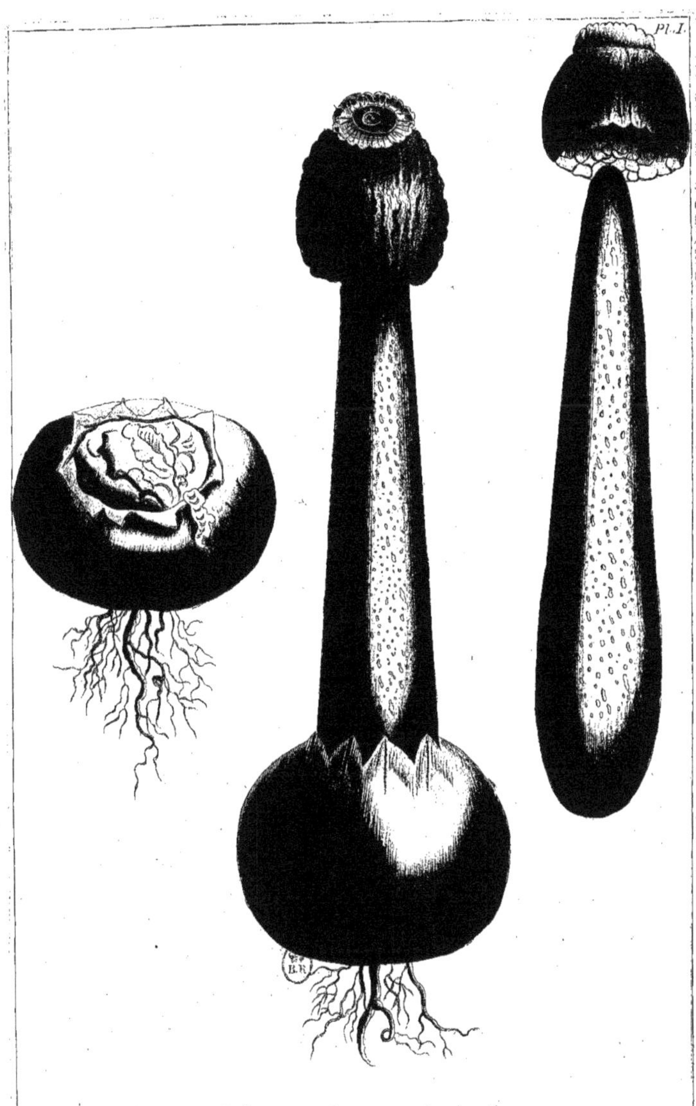



Phallus Impudicus . *Agaric Impudique.*

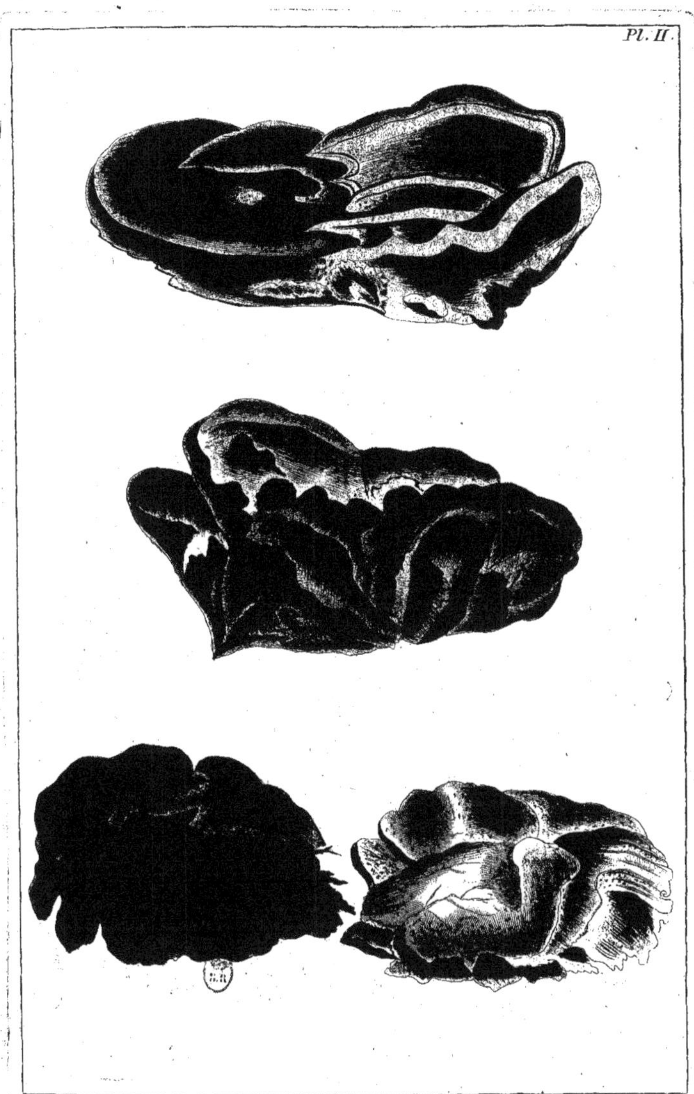

Agaricus noftras auritus fquamofus . *Agaric à Oreille écailleux* .

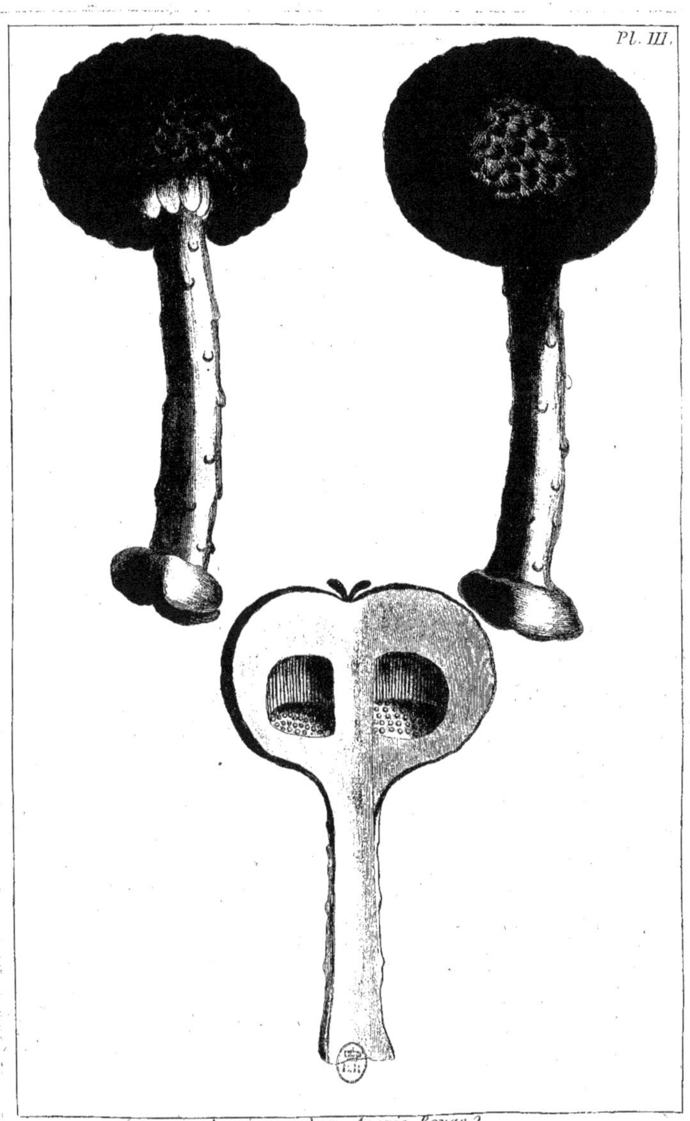



Agaricus ruber, *Agaric Rouge ?*

Peziza Coccinea. *La Coupe Ecarlatte.*

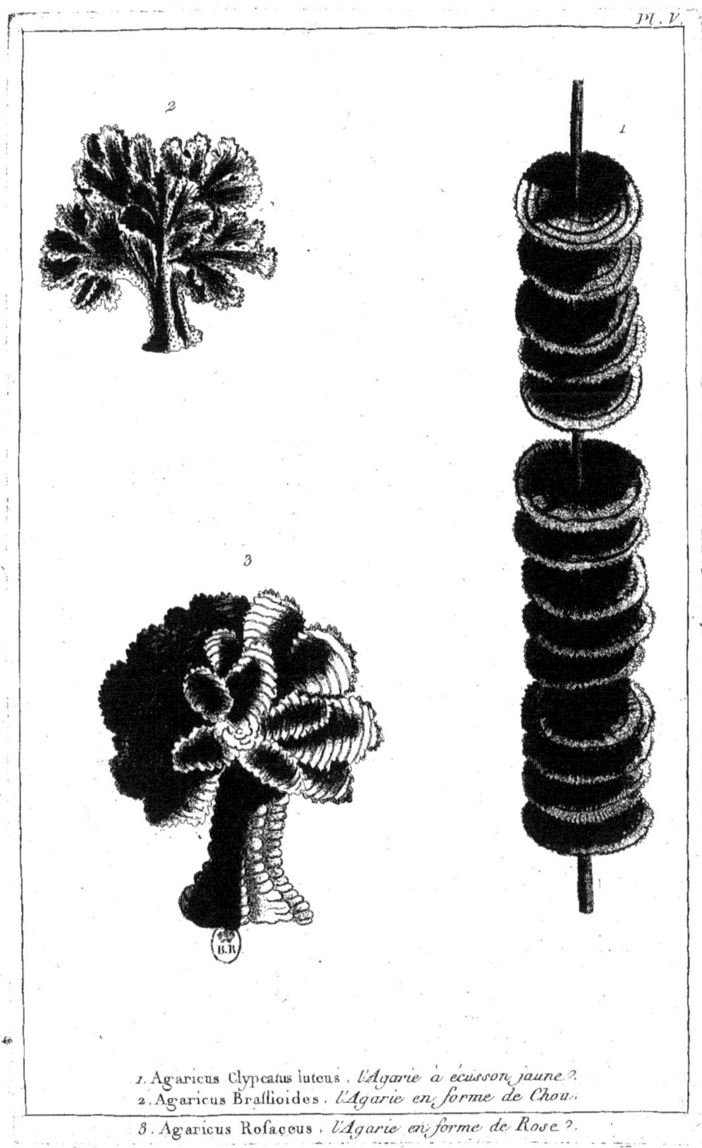



1. Agaricus Clypeatus luteus . l'Agarie à écusson jaune ?
2. Agaricus Brassioides . l'Agarie en forme de Chou .
3. Agaricus Rosaceus . l'Agarie en forme de Rose ?

Agaricus dentatus . *Agaric dentelé*

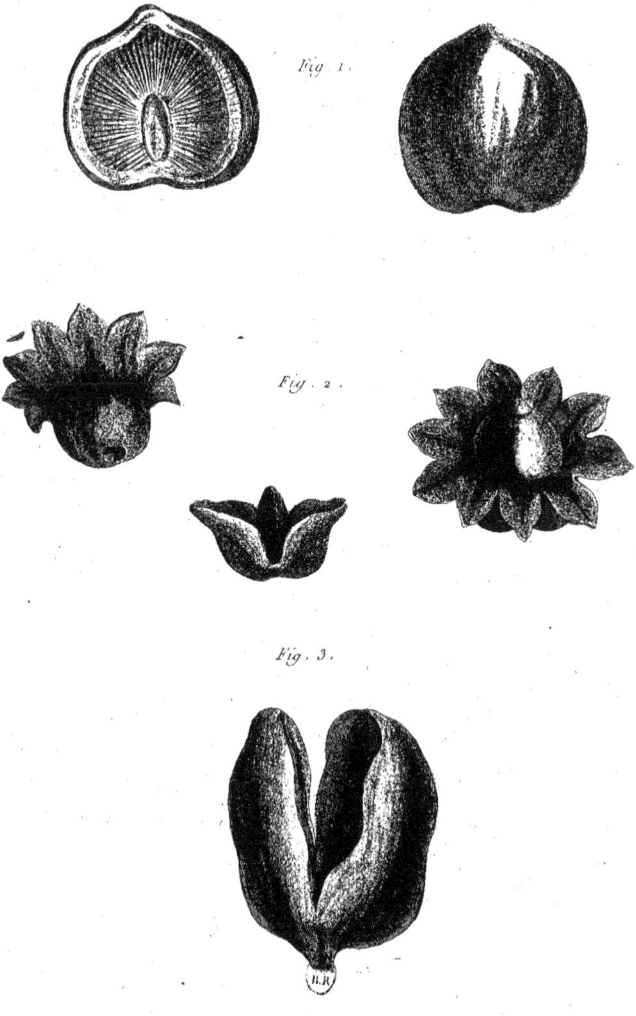

Fig. 1.

Fig. 2.

Fig. 3.

1. Lycoperdon Globosum. *plum.*
2. Lycoperdon Coronatum. *plum.*
3. Lycoperdon Vesicarium hians. *plum.*

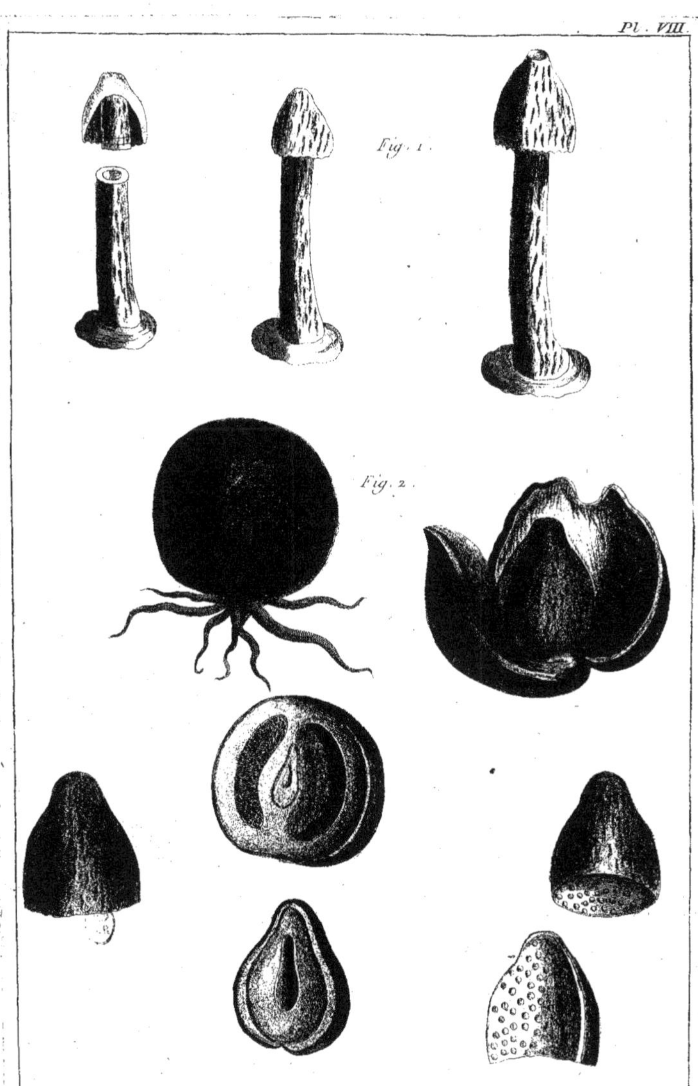



1. Boletus phalloides rugosus. pla.
2. Boletus flagellatus.

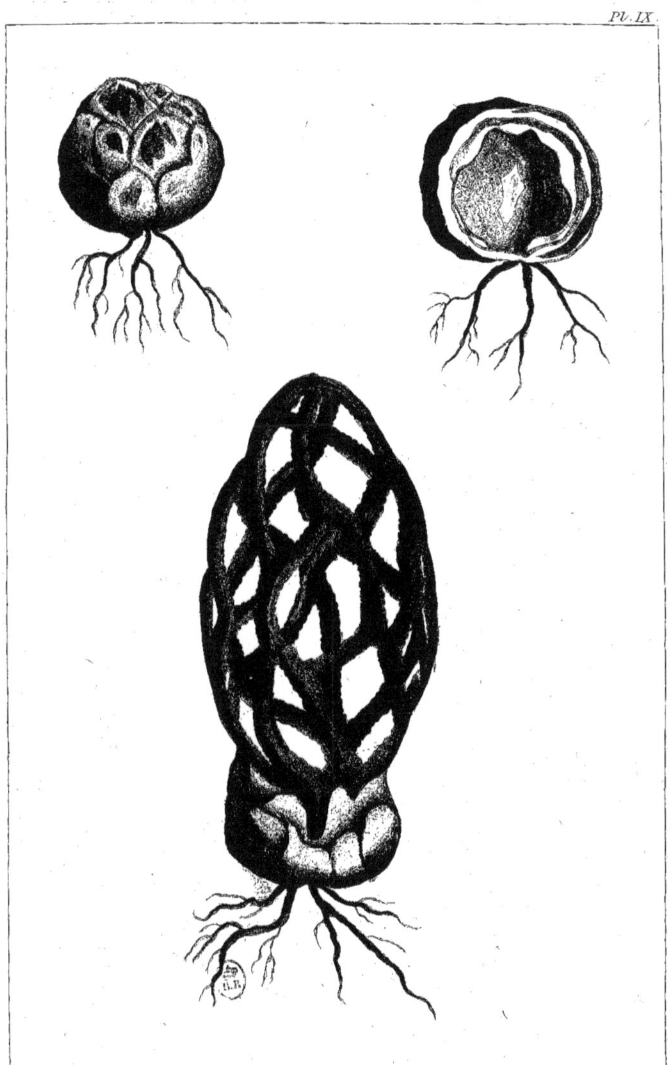

Clathrus reticulatus.

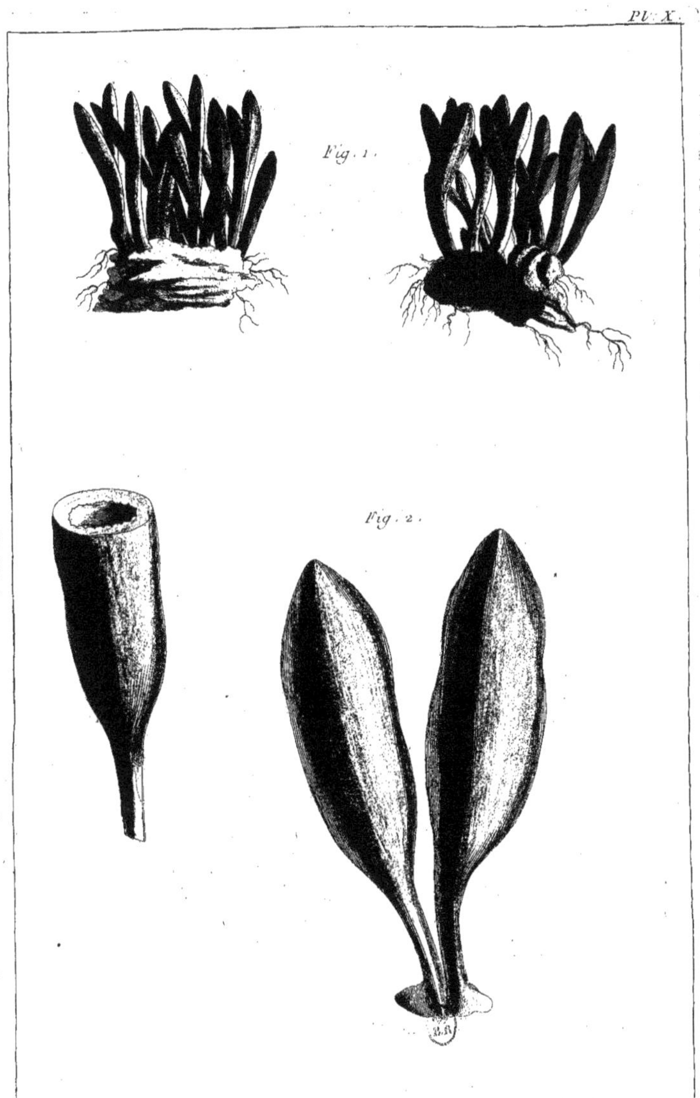



1. Tubera minora nigra. 2. Tubera Testiculorum forma majora. *plum. tot. 16.*

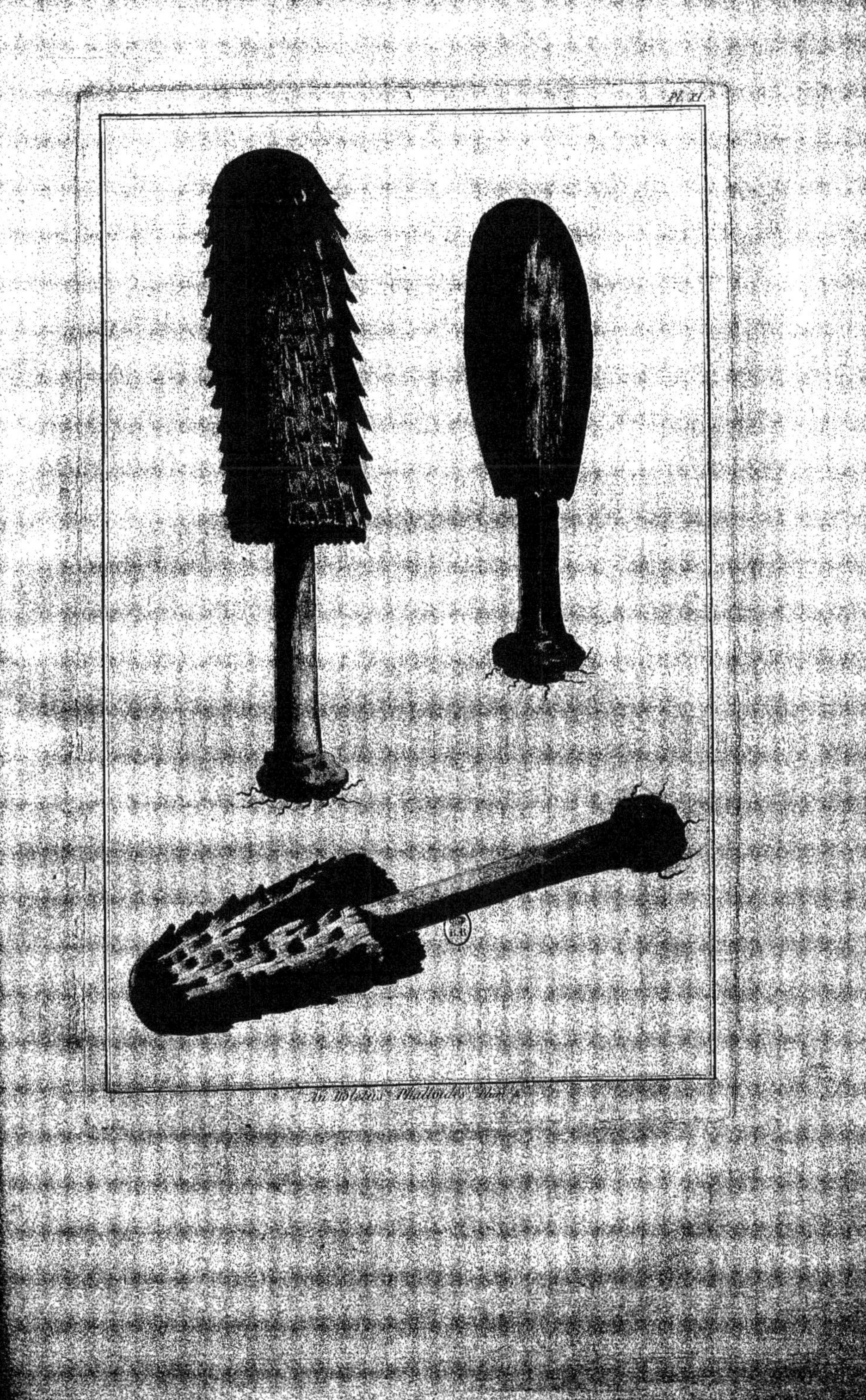
Pl. XI.

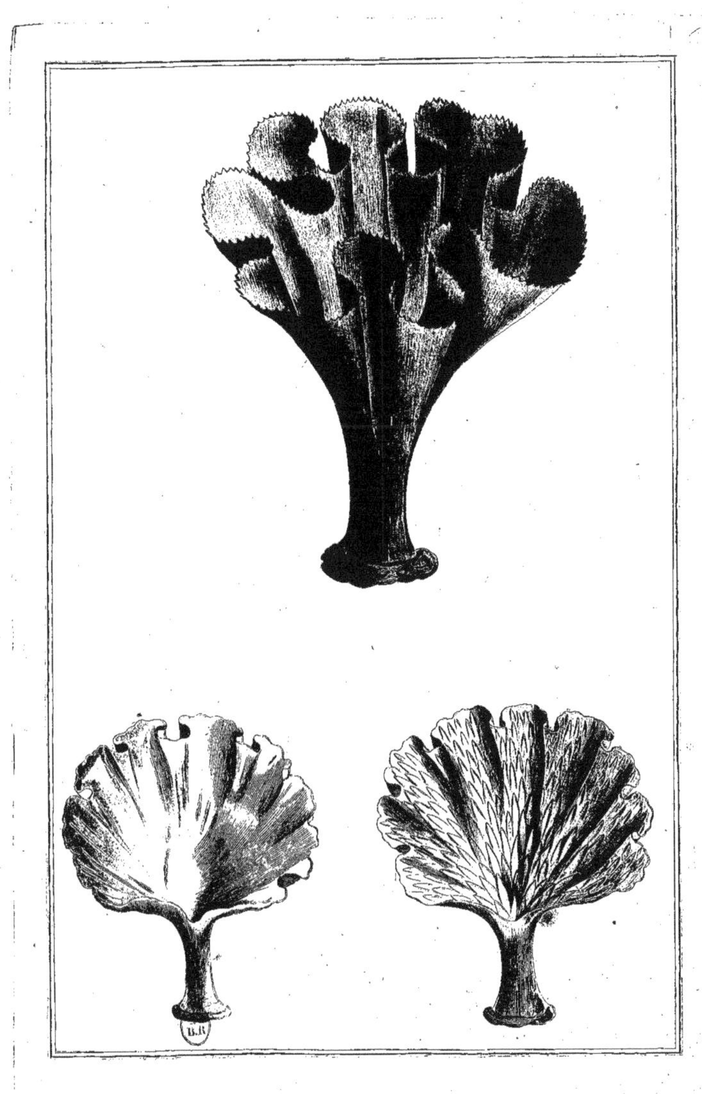